U0221842

鸭嘴兽妈妈
正在给宝宝喂奶

图书在版编目（CIP）数据

在我们很小很小的时候：哺乳的秘密 /（俄罗斯）阿拉·别洛娃著绘；杨笑译．—北京：海豚出版社，2024.4

ISBN 978-7-5110-6818-7

Ⅰ．①在… Ⅱ．①阿… ②杨… Ⅲ．①哺乳－儿童读物 Ⅳ．① Q492.7-49

中国国家版本馆 CIP 数据核字（2024）第 068394 号

在我们很小很小的时候
哺乳的秘密

〔俄罗斯〕阿拉·别洛娃 著 / 绘　杨笑 译

出 版 人：王　磊

选题策划：禹田文化
责任编辑：杨文建　胡瑞芯
项目编辑：张文燕
营销编辑：张玉煜
版权编辑：张静怡　张烨洲
美术编辑：尾　巴
责任印制：于浩杰　蔡　丽　盛　杰
法律顾问：中咨律师事务所　殷斌律师

出　　版：海豚出版社
地　　址：北京市西城区百万庄大街 24 号
邮　　编：100037
电　　话：010-88356856　010-88356858（销售）
　　　　　010-68996147（总编室）
印　　刷：北京顶佳世纪印刷有限公司
经　　销：全国新华书店及各大网络书店
开　　本：16 开（889mm×1194mm）
印　　张：3
字　　数：25 千
版　　次：2024 年 4 月第 1 版　2024 年 4 月第 1 次印刷
标准书号：ISBN 978-7-5110-6818-7
定　　价：49.00 元

在我们很小很小的时候

哺乳的秘密

〔俄罗斯〕阿拉·别洛娃 著/绘　　杨笑 译

海豚出版社
DOLPHIN BOOKS
中国国际传播集团

妈妈，妈妈！
快看，那头小牛在干什么呢？好奇怪啊！

母牛正在用自己的乳汁喂养孩子，还有很多其他动物也会这样做。这头小牛只是在吃早餐，没什么好奇怪的。在你很小很小的时候，妈妈也是这样喂你的。

哺乳动物

胎生繁殖，且由母体分泌乳汁喂养幼崽的动物被称为哺乳动物。

据研究，哺乳动物的祖先最开始生活在水里，约4亿年前才迁居陆地。也是从那时候起，它们开始用乳汁哺育幼崽。不过，这些幼崽可没办法像现在的人类宝宝那样吃到搭配得营养均衡的辅食哟！

独特的哺育方式

据科学家研究，如今地球上有超过4000种哺乳动物，包括人类以及奶牛、羚羊等，它们又被称为“乳汁爱好者”。其中有的偏爱浓郁口味，有的喜爱甜的……各个都是乳汁鉴赏家！这种独特的哺育方式也是动物开始大量繁衍的原因之一。

乳房

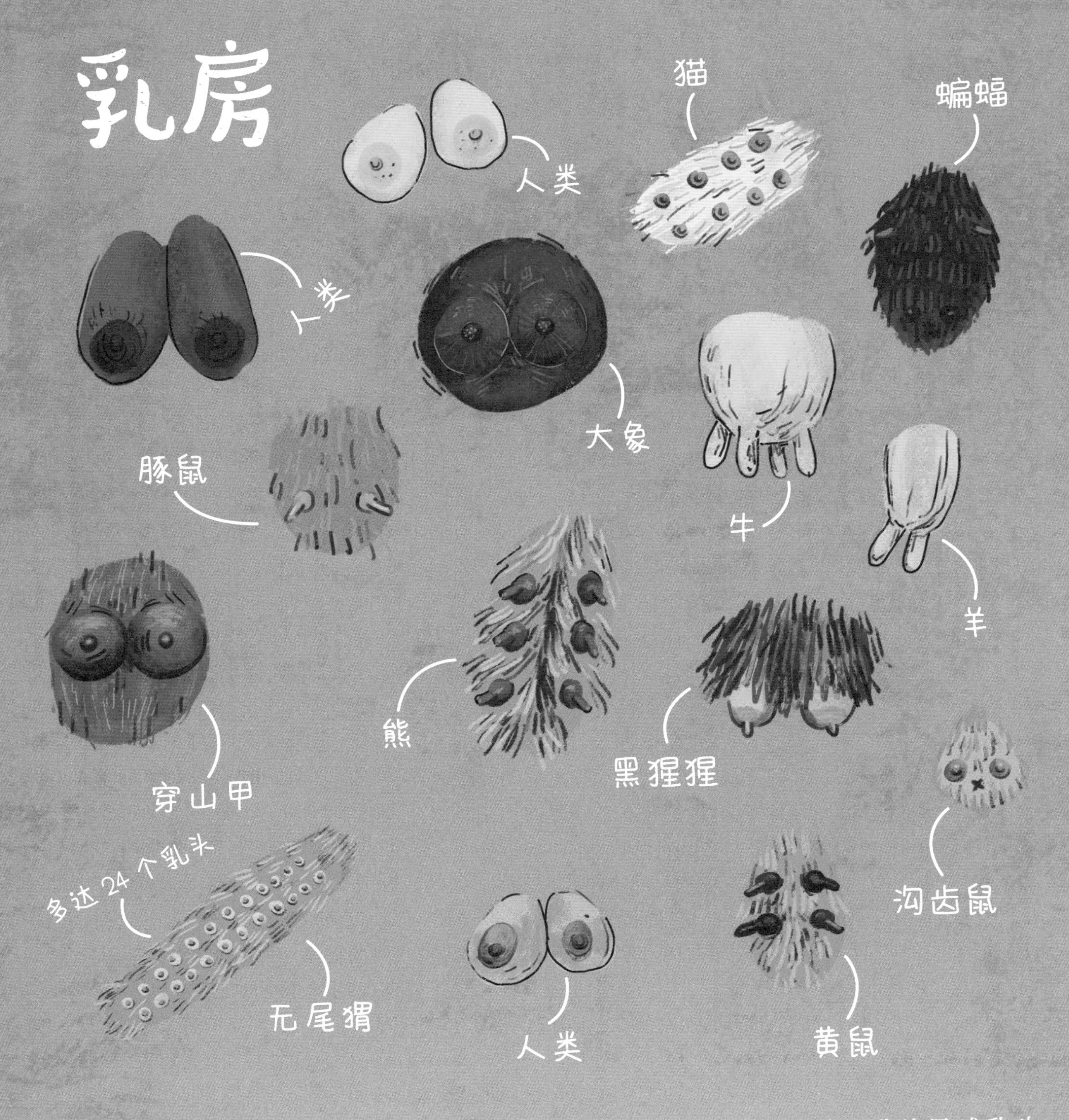

雌性动物提供的乳汁，可以促进幼崽更加健康地生长发育。乳腺是哺乳动物乳房中的组织结构，用于生产乳汁从而哺育后代。在大多数哺乳动物中，雌性的乳腺通常比雄性更为发达。那些一胎能生育多个幼崽的物种，甚至会为了适应自然环境，进化出更多的乳腺。

不同的哺乳动物，哺乳的方式也各不相同。人类妈妈为了方便喂奶，经常会把宝宝抱在胸前。鲸妈妈则会用肌肉发力，将乳汁喷射到鲸宝宝的嘴里，就像水泵一样——营养丰富的乳汁可以让鲸宝宝喝个痛快！其实，这是鲸为了适应海洋生活演化而来的哺乳方式。

哺乳动物孕育后代的方式多种多样。

大多数哺乳动物，如奶牛、鲸、大象以及人类，都是胎生动物。

单孔目动物中有一些种类是最原始的卵生哺乳动物（如鸭嘴兽和针鼹），它们是靠产卵繁殖下一代的，产卵的方式和我们常见的鸡生蛋的过程差不多。尽管是卵生，它们同样以乳汁喂养幼崽。

有袋动物的幼崽出生后就会爬进妈妈肚子上的育儿袋里。在长大之前，它们大多数时间都生活在里面，那里是它们独一无二的温暖港湾！

哺乳动物的妈妈们是怎样喂养宝宝的呢？它们的乳汁是通过乳腺腺体分泌出来的。对于很多哺乳动物来说，当母体不再分泌乳汁时，乳腺就会缩小。与此不同的是，人类女性的乳腺一直是大而突起的。山羊、绵羊、奶牛和部分有蹄类动物通常有多个乳房，乳房上会有多个乳头，这样方便它们在躺下或奔跑时，能同时喂养好几个幼崽。

树上

花鼠

侏食蚁兽

松鼠

长颈鹿

哺乳动物的祖先们活跃在陆地上的各个角落，有些征服了树林，比如松鼠、考拉、侏食蚁兽和树袋鼠，它们也被称为树栖类哺乳动物。

这些动物走路或飞行的姿势看上去可能有点滑稽，如松鼠走路时会竖起自己仿佛降落伞一样异常蓬松的尾巴，鼯鼠滑行时会展开折叠在四肢间的皮膜，而蝙蝠属于翼手目，飞行时则会张开它的翅膀。

长颈鹿

斑马

跳鼠

大象

陆地上

等等，先别急着跟树上的哺乳动物套近乎。毕竟，人类可不会飞。人类和长颈鹿、牛、斑马、大象、狮子以及兔子一样，都属于陆生哺乳动物。

世界上最大的陆生哺乳动物是非洲象，它们的体重约为 3～6 吨，最重可达到 10 吨。而最小的陆生哺乳动物则是来自意大利撒丁岛的伊特鲁里亚鼩鼱（qú jīng），重量大概和一撮盐相近——大约 1～2 克。

伶鼬(yòu)
黄鼠
鼹鼠
走开！这是
我的地盘。
推我一把！

还有一些动物从海洋迁居到陆地上后，隐藏在地底生活。它们认为在地底下可以躲避很多危险，放心安睡，不觅食的话不用外出。这样的哺乳动物被称为穴居动物。还好它们不会“网购”，不然可能一辈子也不会出门了。

地底

比如鼹鼠。它们不仅上不了网，也几乎不会爬到地面上来呼吸新鲜空气。它们一生都会在地下爬啊爬，拱啊拱地生活，躲在自己的“避风港”里。

土豚
刺猬
獾

水边水里

海象

鲸

我想先问问你，你洗过耳朵吗？上次洗耳朵是什么时候？你知道吗，有些动物，如青蛙和蝾螈，虽然它们没有像人类那样的外耳，但它们会在水中洗耳朵，因为水会流过它们的头部。还有一些既能在水中游泳也能在陆地上生活的动物，如海狸、海獭、河马和北极熊，它们洗耳朵的习惯会因环境而异。

而像鲸、海牛、海豚这样的水生哺乳动物，它们的生活几乎完全在水中，它们的耳朵会经常与水接触。

在阳光明媚的
澳大利亚
树袋熊
短尾矮袋鼠
针鼹
鸭嘴兽

你见过树袋熊吗？树袋熊生活在澳大利亚，它们的大脑和核桃差不多大，是一种有袋哺乳动物。它们的幼崽是在腹部的育儿袋中孕育的。澳大利亚那片大陆上的其他居民，比如袋鼠和袋熊也是这样孕育后代的。你想问为什么？当然是因为方便啦！

在超市，买瓶牛奶是件很简单的事情，但大自然可没有超市。在大自然中，机体分泌乳汁的过程是非常复杂的。

为什么奶牛一天到晚都在不停地吃草呢？因为只有咀嚼得够仔细，营养物质才能被分解进入血液中，从而在它们的乳腺中变成乳汁。而且奶牛的泌乳期长，产奶量也大，所以需要大量的营养物质。

小牛在吮吸母体乳头吃奶的时候，会因为享受而眯起自己的小眼睛。这种亲密的互动会让母牛也感觉很舒服——就像在轻轻地按摩它的大脑一样。奶牛的大脑会把这种快乐传递给心脏，心脏再作用于乳房，帮助乳房分泌出更多的乳汁。奶牛产奶的过程是不是很有意思？

那我们人类呢？虽然我们的乳房构造和动物不太一样，但人类泌乳的方式和奶牛、大象、兔子几乎一样。毕竟我们都是哺乳动物嘛！

科学家研究显示，大部分女性的单个乳房重量能达到 200 克左右，哺乳期内能达到 500 克甚至更重。

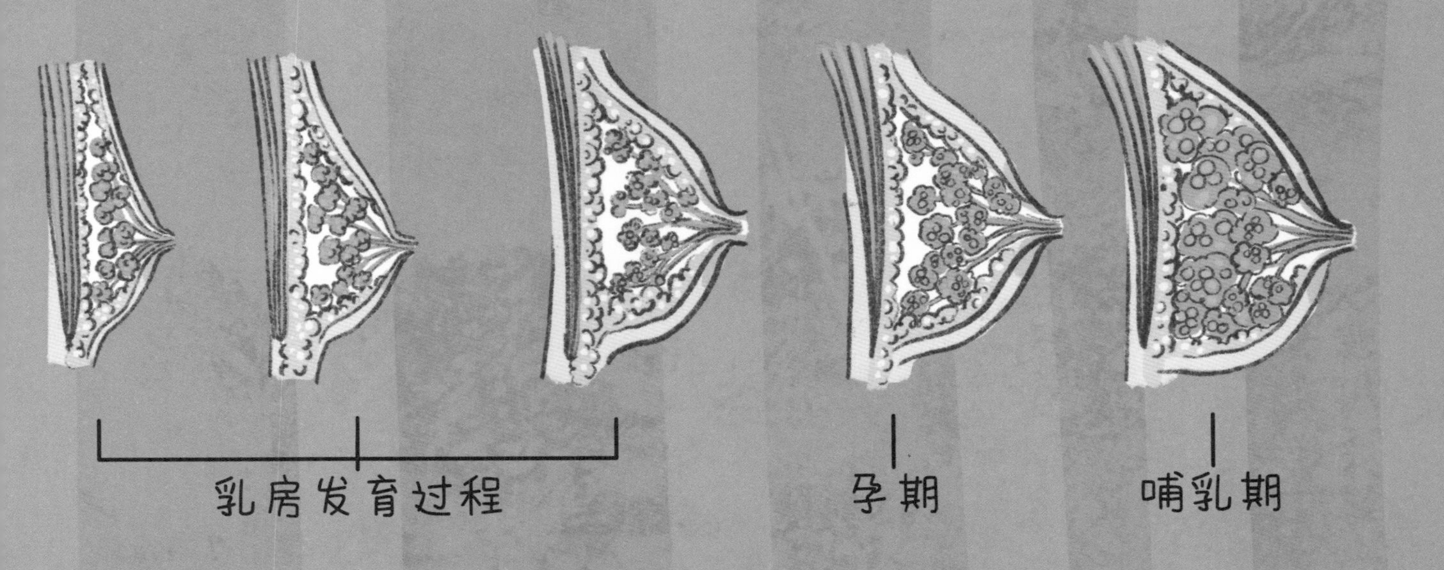

复杂的乳腺结构

妈妈给宝宝喂奶并没有时间、地点的限制，只要宝宝饿了，不管是在厨房还是浴室，户外还是机场，妈妈都得立刻找合适的地方去满足宝宝的需求。但给宝宝喂奶的方式都是一样的，即乳汁通过乳头流出，然后喂到宝宝嘴里的。

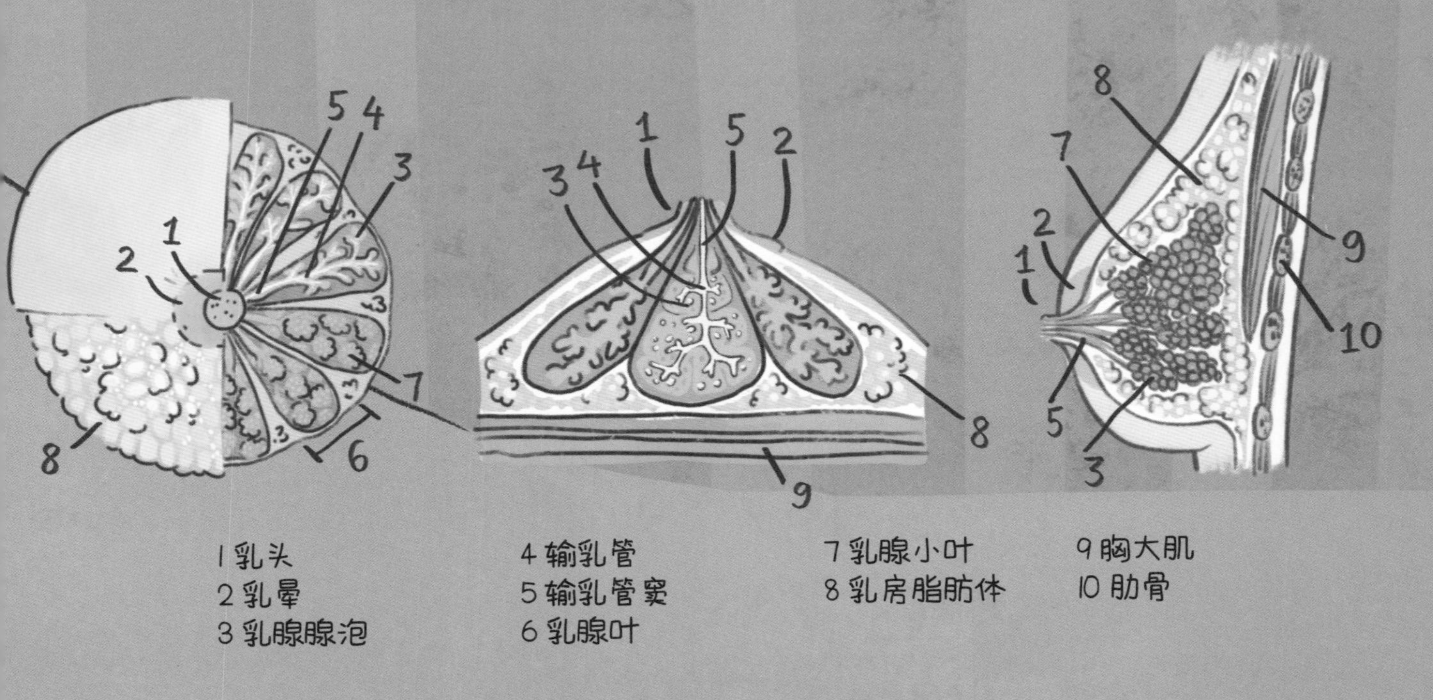

哺乳是一件听起来多么温馨美好的事，但实际操作起来，并不像听上去那么简单。

女性哺乳时最开始分泌的是初乳，虽然初乳的外观可能不太吸引人，但其实它含有能帮助宝宝抵御疾病的各种营养成分。当宝宝喝完妈妈的初乳后，初乳中的有益成分就开始在宝宝身体里发挥作用，赶走宝宝身体里面的病菌。

宝宝饿着肚子，但我没有奶水，我的乳腺只能流出来一些很浓稠的液体。

别担心。这叫初乳，正是宝宝现在需要的！

接下来，乳腺就会分泌更多、更甜、更浓郁的乳汁。而且宝宝吃奶时吮吸得越频繁，妈妈的乳汁也就分泌得越多。

是不是像魔法一样？

要是其他好吃的也能越吃越多就好了。说到吃的，当宝宝长大后开始吃其他食物时，妈妈分泌的乳汁就会越来越少。所以绝不会有浪费这一说！

初乳偏黄，更浓稠，比成熟乳汁更有营养。而成熟的乳汁呈白色，尝起来比初乳要甜。

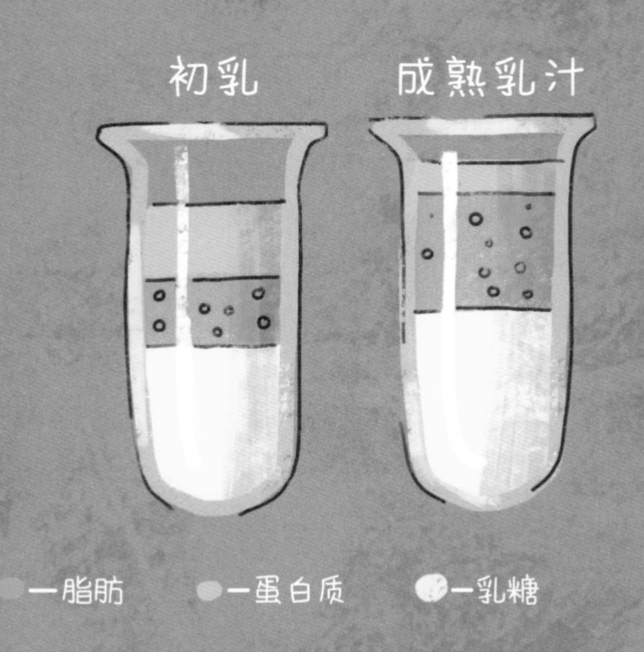

说到甜的东西，很多哺乳期的妈妈非常喜欢吃甜食，比如糖果、带着厚厚奶油的蛋糕等。经常会有新手妈妈遇到吃完甜食后哺乳，宝宝大声哭闹的现象。遇到这种情况时，有的妈妈会不知所措，有的妈妈会有“难道是因为宝宝没有吃到好吃的才会喊叫的吗”的想法。实际上，妈妈吃的所有食物都会被分解为小分子进入血液中，然后进入乳汁。当新手妈妈吃太多甜食的时候，会导致乳汁中含有大量的糖分，令宝宝肠胃不适，所以宝宝才会哭喊。因此，很多妈妈为了宝宝的身体健康会控制自己的饮食。

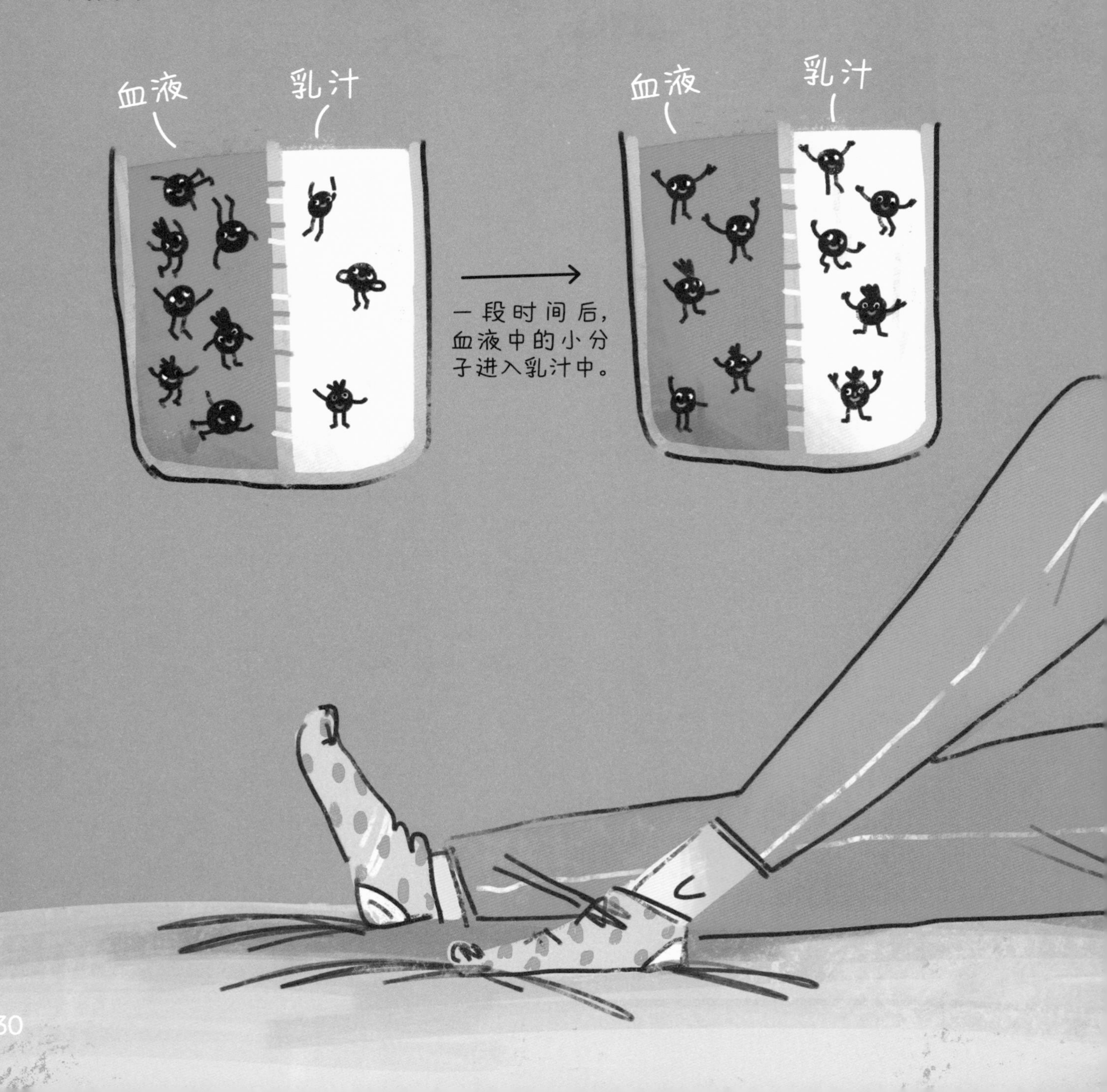

血液
乳汁
一段时间后，
血液中的小分
子进入乳汁中。
血液
乳汁

天哪，是蛋糕有什么问题吗？还是你也想吃蛋糕？

妈妈的年龄大小，心情如何，她最爱看的电视剧的结局好坏，对乳汁成分的影响都不大。

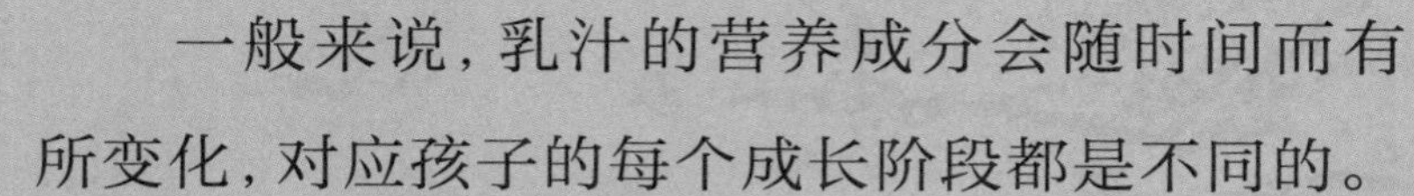

一般来说，乳汁的营养成分会随时间而有所变化，对应孩子的每个成长阶段都是不同的。

虽然这样说有点难以置信，但妈妈的乳汁就像挡住雨水的雨伞，它能帮助宝宝提高免疫力，促进宝宝的脑部和心智发育，保护宝宝远离疾病。

这真的是很妙的安排，不是吗？

成分和保护

乳汁中包含很多物质：脂肪、蛋白质、碳水化合物……真的很丰富！

乳汁的成分取决于孩子的年龄，而颜色取决于妈妈吃过的食物。当然，乳汁只有颜色的深浅变化，不会像彩虹一样五颜六色。

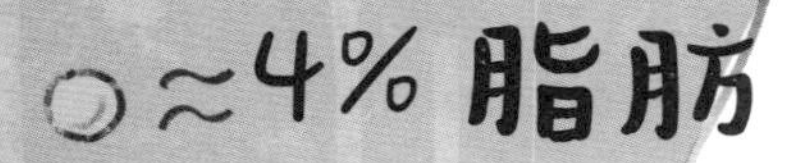

≈7% 碳水化合物

≈1% 蛋白质

≈87%~90% 水

≈1% 其他营养成分

乳汁中还有 1% 是维生素、激素、矿物质、酶、成长因子、饱感因子、双歧因子以及其他营养成分。你觉得这些营养成分的含量太少了吗？其实刚刚好！

有时候乳汁好像会“凭空出现”，比如当一位女性没有生育，但在照顾领养的孩子的时候，她机体的泌乳功能也会被激活，这并不常见，但也不是全无可能。如果这位女性已经生育过，她分泌乳汁的可能性则会大大提升。

很久以前，社会上有乳母这样一种职业。乳母指的是那些在喂养完自己的孩子之后，乳汁还很多，可能继续去哺乳其他孩子的女性。这对于那些乳汁不够或者十分忙碌的妈妈来说很有帮助。

如今，商店和超市里都能买到一种特制的美味饮品——奶粉，它能够大大减轻女性的哺乳压力。

虽然听起来难以置信，但男性也可以泌乳。经医学验证，男性仍然保留着乳腺组织，在一定的催乳素的刺激下，男性也有可能会具备泌乳的能力。据说在18世纪的欧洲，因为长期航海的船上没有女性，有位男水手为了照顾捡到的婴儿就靠吃药分泌出来了乳汁。

乳汁之最

脂肪含量最高——

海豹科中的冠海豹，其乳汁脂肪含量能达到60%。

最甜——

尤金袋鼠的乳汁中含有约14%的糖，比人类乳汁中糖的比重高出两倍。

特别甜，我好喜欢！

脂肪含量最低——

黑犀牛的乳汁中只有约0.2%的脂肪。

蛋白质含量最高——

东部棉尾兔的乳汁中蛋白质含量能达到15%！

你知道吗？

截至目前，科学家们仅弄清楚了5%的哺乳动物的乳汁成分。

你知道吗？

古希腊人曾把乳汁叫做“galaktikós”，意思是像牛奶一样的。这个词慢慢演变成了“银河系”，因为银河系看起来就像流动的乳汁一样美丽。

有的人非常喜欢喝牛奶，无论年龄多大，有时候半夜醒来抓起牛奶瓶子就咕咚咕咚灌下去。有的人却不可以喝奶。因为机体消化牛奶中乳糖的能力与LCT基因有关。据调查，北欧地区的白种人对牛奶中乳糖的消化能力最好。没有人能提前知道自己喝奶后能“安然无恙”，还是会因此腹泻、打嗝。当事人必须亲自尝试，如果不幸中招了，就得去治疗或选择永远不喝牛奶了。

鸟乳蛋糕

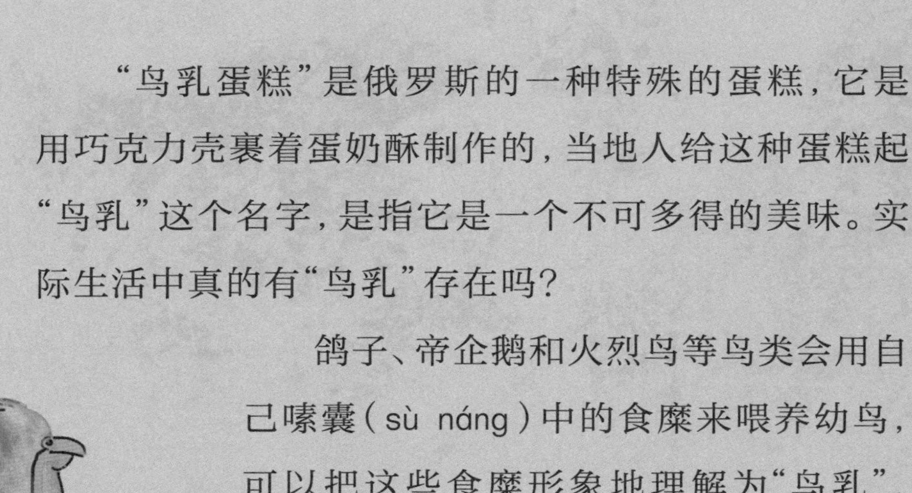

“鸟乳蛋糕”是俄罗斯的一种特殊的蛋糕，它是用巧克力壳裹着蛋奶酥制作的，当地人给这种蛋糕起“鸟乳”这个名字，是指它是一个不可多得的美味。实际生活中真的有“鸟乳”存在吗？

鸽子、帝企鹅和火烈鸟等鸟类会用自己嗉囊（sù náng）中的食糜来喂养幼鸟，可以把这些食糜形象地理解为“鸟乳”，虽然其成分与哺乳动物的乳汁完全不同。

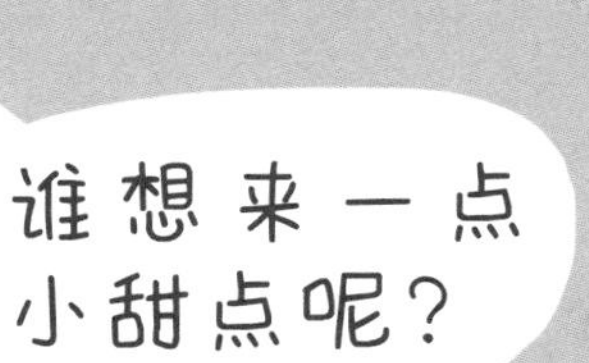

有些昆虫也会“产奶”，比如蟑螂，但实际上蟑螂不是哺乳动物，所谓的“蟑螂奶”也不是像牛奶一样的物质，而是一种蛋白质晶体。并且大多数蟑螂是没有这个技能的，只有特殊的胎生蟑螂——太平洋折翅蠊才可以“产奶”。想尝尝蟑螂的“乳汁”吗？

太可怕啦！虽然“蟑螂奶”中有很多有益成分，但还是更推荐喝奶牛产的奶哟。

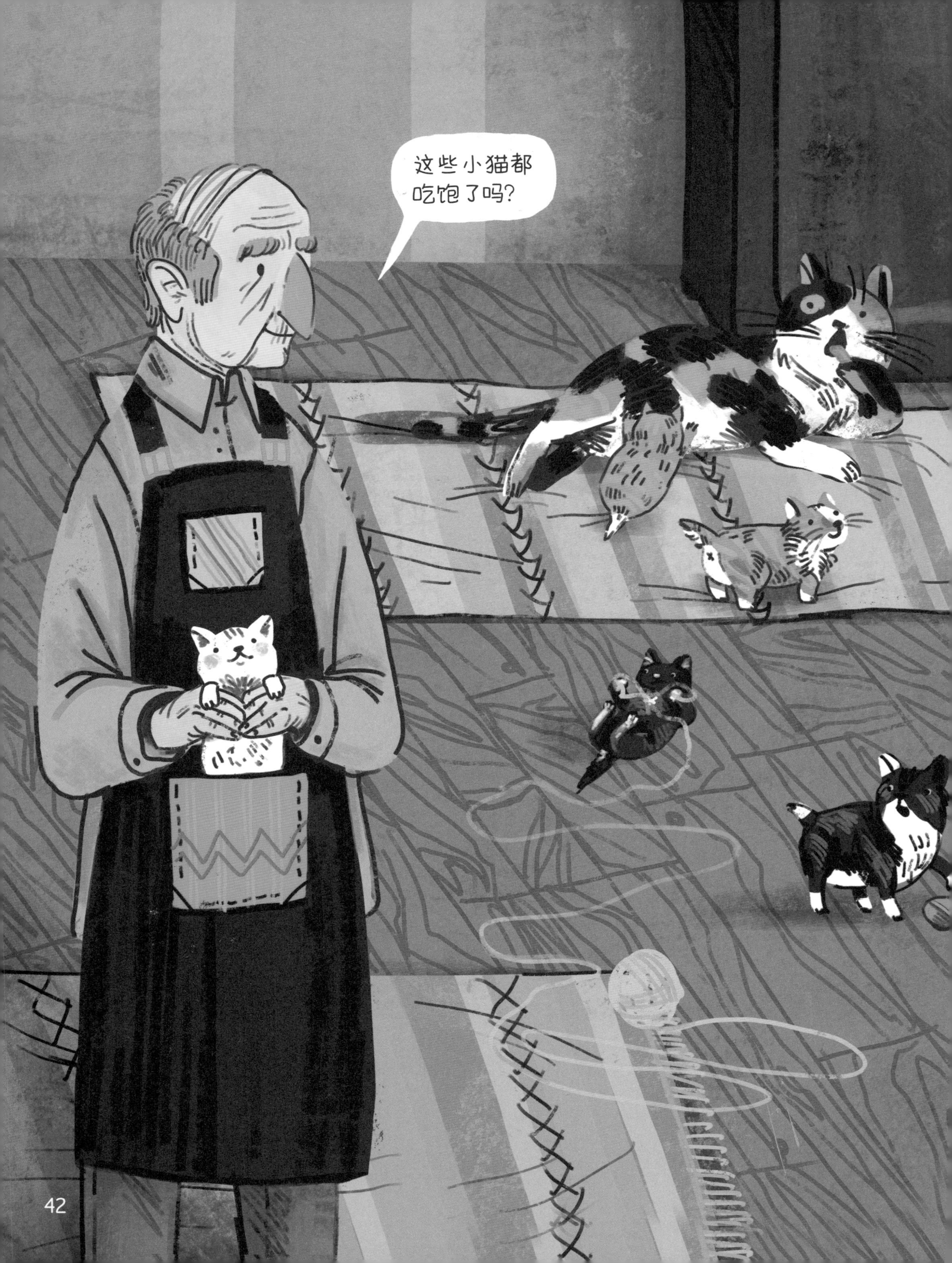
这些小猫都
吃饱了吗?

快点！
你说的没错，猫
也是哺乳动物。
妈妈快看！我们的猫生
出小猫了！那只橘色的
小猫是正在喝奶吗？
猫也是哺乳动物吗？
哈哈，爷爷现在看起
来好像袋鼠妈妈！

鲸妈妈哺育小鲸

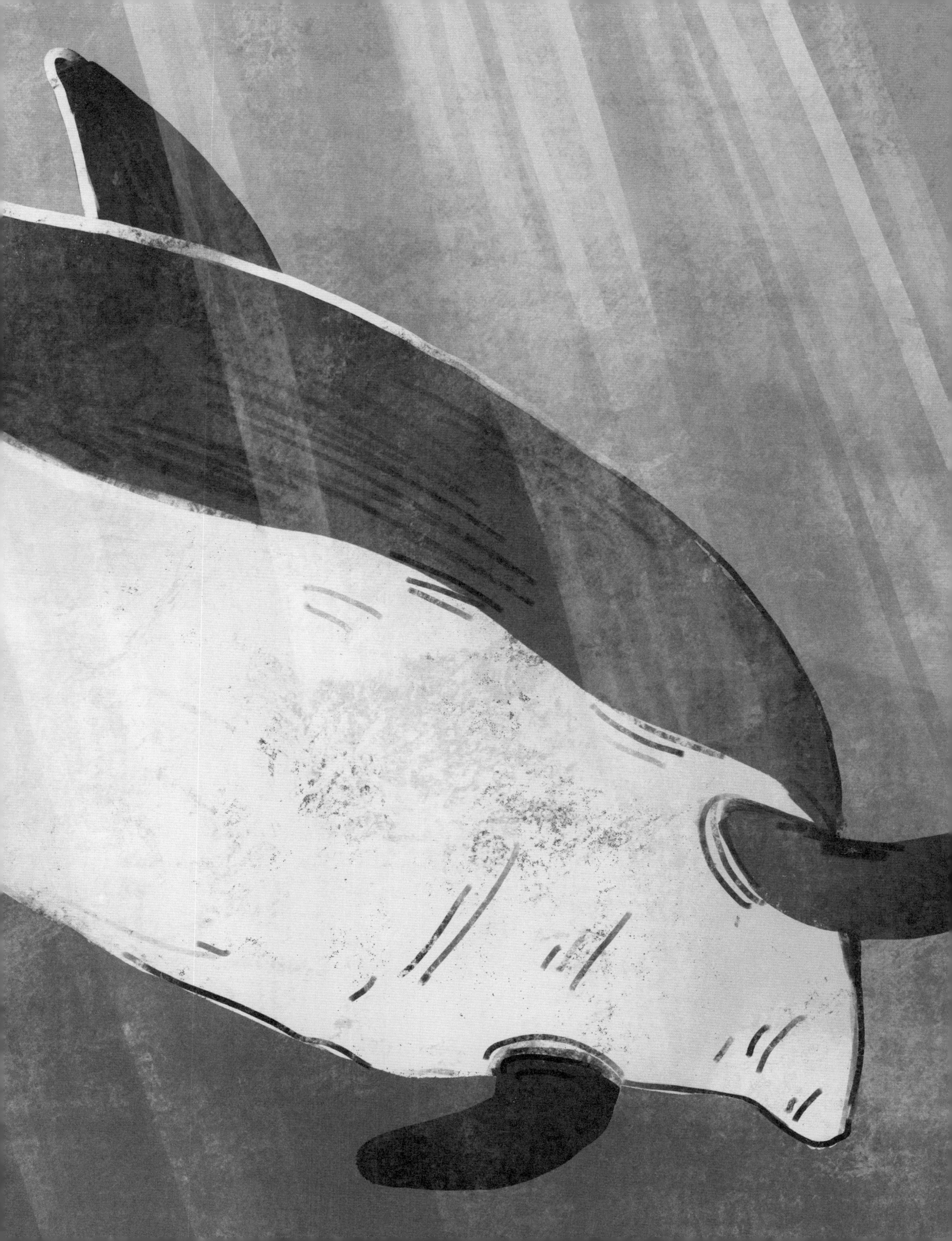